想象另一种可能

献给巴尔纳伯、艾梅、罗莎莉、贝拉、米洛、尤利西斯、克洛维斯。
——维尔吉妮·阿拉德基迪

献给我的干女儿露西尔。
——卡洛琳·佩利西耶

献给萨洛梅。
——艾玛纽埃尔·楚克瑞尔

理
想
国
imaginist

# 和我们一样的生命

## 意想不到的动物生活方式

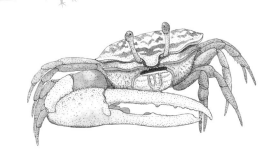

[法]维尔吉妮·阿拉德基迪 – 著

[法]卡洛琳·佩利西耶 – 著

[法]艾玛纽埃尔·楚克瑞尔 – 绘

赵诗涵 – 译

北京日报出版社

你知道吗？海星的触手可以再生，雄刺猬会跳舞来吸引雌刺猬，日本猕猴喜欢滚雪球和打雪仗。动物们魅力无穷，超出人们的想象！

而动物行为学，这门研究动物行为的科学，让我们对动物的多样性与复杂性有了全新的认识和思考。科学家们发现动物和人类一样有复杂的情感，有同理心，甚至会以某种方式表达对自身或同类死亡的恐惧。并且随着研究的不断深入，人类对动物的认识也在不断地更新……永远都有新的惊喜！

我们在研究这些主题的时候，创作一本书的想法应运而生，这本书里的每个章节都会讲述一个人类与动物的共同点，从出生到死亡，展现完整的生命历程，揭示动物世界的奇妙与美。这本书也是一首赞歌，歌唱大千世界的多元与独特。

昆虫、哺乳动物、鱼类、两栖动物、鸟类……出生、成长、觅食、自卫、互帮互助，又或是相遇、求偶、繁衍，所有动物都有自己独特的行为准则和生存之道，别有风趣。万物有灵，生命的普适性法则在所有生物，不管是动物还是人类的行为中淋漓尽致地展现了出来。

对大自然充满热情的插画师艾玛纽埃尔·楚克瑞尔（Emmanuelle Tchoukriel）用画笔将这个多彩的世界描绘了出来。在这册超大开本的科普绘本中，她用211幅细节丰富的彩墨画和水彩画带领小朋友和大朋友领略了我们所居住的这个星球的无限生机和魅力。

投身其中，惊叹不已，乐趣无穷：一起来观察这些神奇的动物如何"好好活着"吧！

# 目 录

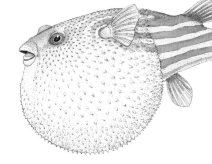

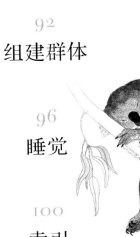

无论什么动物，雄性和雌性邂逅的首要条件就是要彼此吸引！
通常是雄性主动去吸引雌性，它们会想尽一切办法来赢得雌性的青睐。
而这一个个异彩纷呈的"求爱仪式"，可能只是一个更长故事的开始。

» 蓝顶蓝饰雀的"踢踏舞"

为了吸引配偶，蓝顶蓝饰雀会跳一种舞步
很快的舞蹈，有点像踢踏舞！

» 大象的爱情

雄象会花很长时间追求雌象，并表现得深
情款款，它们会用清凉的水喷洒雌象的身
体，提供食物，持续好几周地献殷勤……
雌象如果接受，就会跟雄象依偎在一起，
用象鼻摩挲彼此的脸。

**» 褐色园丁鸟的"新房"**

为了吸引雌鸟，雄性褐色园丁鸟会精心布置"洞房"——一座高达1米的鸟巢，并用鲜花、石头和羽毛装饰一新。

**» 捷蜥蜴为爱变色**

雄性捷蜥蜴腹部呈绿色，背部有褐色条纹，体形较大。交配季节，它们为吸引雌性会部分或整个变成鲜亮的绿色。

## » 刺猬之舞

雄性刺猬会围绕雌性刺猬转圈圈，持续好几个小时，还会愈发用力地嗅闻雌性，并一点点靠近。如果雌性同意，就会模仿雄性嗅闻的频率也闻闻它。

## » 发光的萤火虫

雄性萤火虫会通过一闪一闪发光来吸引雌性。

## » 温柔的地中海猕猴

为了赢得雌性的好感，雄性地中海猕猴会主动亲近猴群中的幼崽，给予照料陪伴。

**» 鹿鸣呦呦**

雄鹿没有绚丽的毛色，也不会跳舞。它的魅力撒手锏是雄厚而低沉的声音。为了吸引雌鹿，雄鹿会发出高声的鸣叫：呦呦鹿鸣浑厚绵长。

**» 骄傲的孔雀**

开屏的雄孔雀像打开一把扇子一样打开尾羽，向雌孔雀展示自己色泽艳丽的羽毛，而雌孔雀也可以借此判断雄性是否身强体壮。

# 繁衍

雌性配子（卵子）和雄性配子（精子）结合成受精卵后才能发育成新生命。

虽然有些物种可以自体受精独立繁殖，但大多数动物都必须经历雌雄交配后才能繁衍后代。

嘘！接下来会有一些比较私密的场景哦！

**» 保持警惕的田鼠**

交配后，雄性田鼠会待在雌性身边：痴迷于抱抱摸摸，还会梳理和舔舐雌性田鼠的皮毛。

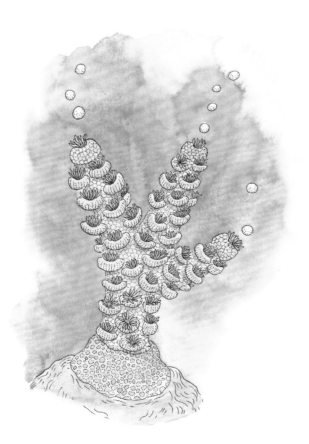

**» 无性繁殖的珊瑚虫**

珊瑚虫可以无性繁殖，也可以进行有性繁殖——释放精子和卵子，二者浮游在海水中结合成受精卵。

## » 融为一体的深海鮟鱇鱼

心脏脆弱者慎入！雄性深海鮟鱇鱼比雌性小得多，交配的时候会咬住雌性的腹部并一直附着在上面：雄鱼身体的各个组织和血液系统会与雌鱼相交融，眼睛、鳍、牙齿和大部分内脏器官也会慢慢退化消失，只剩下睾丸！当雌鱼排出卵后，这些睾丸依然可以排出精子从而让鱼卵受精，完成交配。

## » 雌雄同体的蜗牛

蜗牛同时具备雌雄两种性器官，但单只蜗牛无法独立繁衍生息。为了完成交配，两只蜗牛会先相互碰触，仿佛拥抱着跳一种缓慢的舞蹈，交配完会各自产卵。

## » 不知疲倦的倭黑猩猩

倭黑猩猩与许多动物不同，一年四季都可以交配，即使雌性猩猩不在排卵期也会有性行为。

**» 发声寻缘的产婆蟾**

雄性产婆蟾会发出响亮的叫声来吸引雌性，交配后，雌蟾会产下约 50 颗卵。雄蟾将卵带缠在后肢之间并使其受精，还时不时用水浸湿受精卵，为其提供充足的水分，直到蝌蚪孵化出来。

**» 吞食爱人的螳螂式爱情**

在交配过程中，有时雌螳螂会吃掉爱人的头部，断头的雄螳螂依然可以输出精子，完成交配的使命。

**» 缠缠绵绵的欧洲水蛇**

交配时，雄性欧洲水蛇会紧紧缠绕着伴侣不松开。无论在陆地上还是在水中，两条蛇都可以持续缠绵数小时。

**» 激情至死的澳大利亚袋鼩**

澳大利亚袋鼩的疯狂交配模式会持续两到三个星期。在此期间，雄性袋鼩不吃不喝也不休息，只专注于往雌性体内注入精子，最终体力透支，精尽鼩亡，这也被称为"自杀式交配"。

**» 章鱼的特长腕足**

雄性章鱼有一条末端呈铲状的交接腕。交配期间，它会把交接腕直接插进雌章鱼体内一个特殊腔体中使其受精。

卵生动物的胚胎在受精后会在卵壳内生长并从中获得必要的营养物质。
而哺乳动物的胚胎会在母体中发育成形。

**» 小鸡的卵齿**

出壳前，大多数鸟类的喙上都有一个石灰质突起，我们称之为"卵齿"，小鸡也不例外。经过 21 天的孵化后，小鸡会用卵齿啄破卵壳，将头和爪子慢慢顶出壳去。

**» 经历高空坠落的小长颈鹿**

在妈妈肚子里生长 15 个月之后，小长颈鹿终于呱呱坠地：生产过程中，长颈鹿妈妈会一直保持站立状态，宝宝从产道出来后直接从两米高空摔下来，前脚和头先着地！

» **眼镜王蛇的奉献精神**

雌性眼镜王蛇会在巢穴中孵化蛇卵，这在蛇类中是个例外！ 2—3 个月里，雌蛇会片刻不离地守护蛇卵，甚至停止进食。而雄蛇则守在它身旁当保镖，不许任何人靠近！

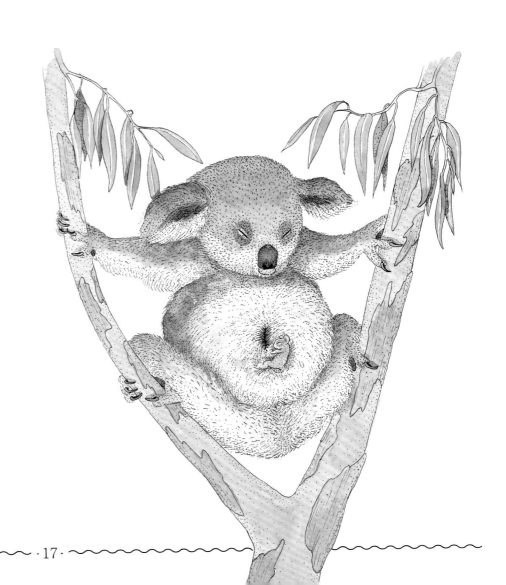

» **温暖惬意的小树袋熊**

刚出生的树袋熊宝宝眼睛是看不见的，身体也没发育好，体重都不到 1 克。它会慢慢爬进妈妈肚子上的育儿袋里，躲在里面乖乖吃奶，待上 6—7 个月才能发育完全。

## » 兄弟反目的黑雕

和许多鹰一样，黑雕也会一次产下
2枚卵。雏雕会在约45天之后从蛋
壳中孵化出来，更强壮的那只往往
会弄死自己的兄弟。

## » 只歌唱一个夏天的蝉

在地下生活17年之后，幼蝉才会破土而出。而它蜕皮
出土后的寿命只有短短几天，全都用来繁殖后代了。

## » 藏起来的蝌蚪

负子蟾的蝌蚪会直接在母体背部的
皮肤褶皱里成长。3—4个月后，幼
蟾发育完成才会离开母体。

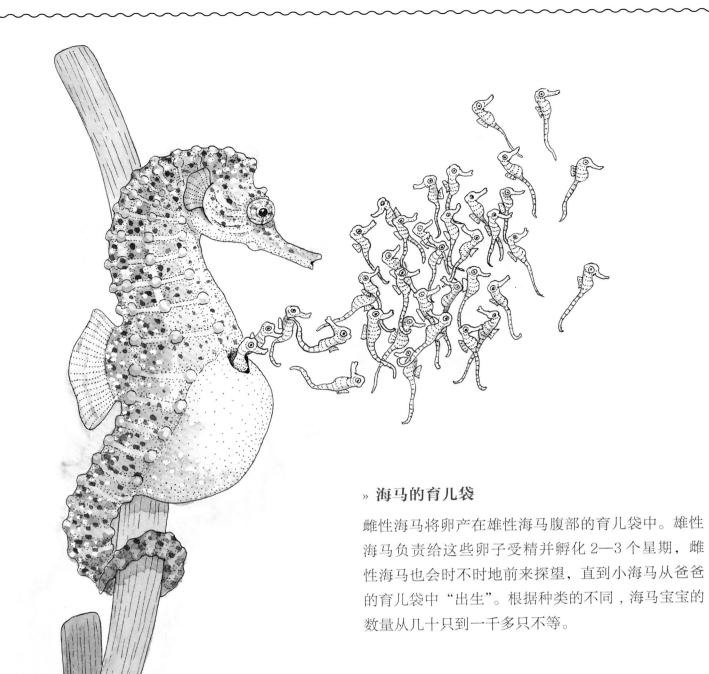

## » 海马的育儿袋

雌性海马将卵产在雄性海马腹部的育儿袋中。雄性海马负责给这些卵子受精并孵化 2—3 个星期，雌性海马也会时不时地前来探望，直到小海马从爸爸的育儿袋中"出生"。根据种类的不同，海马宝宝的数量从几十只到一千多只不等。

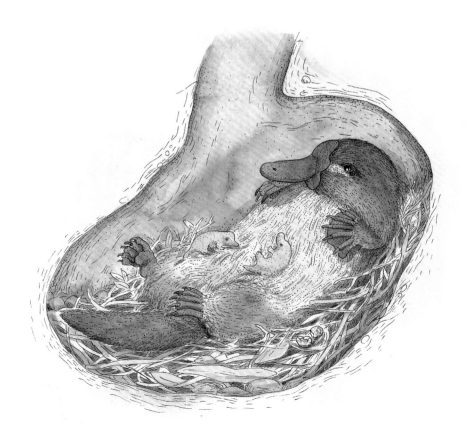

## » 下蛋的鸭嘴兽

和针鼹一样，鸭嘴兽是少有的卵生哺乳动物！鸭嘴兽妈妈会蜷缩起身体孵卵，等小鸭嘴兽出生后再哺乳。

# 照顾幼崽

动物世界中的父母承担着护卵护仔的责任，
雄性和雌性通常扮演不一样的角色，不同物种之间差异很大。

» **负鼠"沉重"的母爱**

负鼠妈妈会把宝宝都驮在背上。

» **滑翔飞行的狐蝠**

在幼崽刚出生的几个星期内，雌性狐蝠寸步都不会离开宝宝，哪怕在飞行时，小狐蝠也会紧紧"挂"在妈妈身上，早早体验飞行的感觉……就好像在坐悬挂滑翔机！

» **狼会咀嚼食物给宝宝吃**

成年狼会先吞下捕获的猎物，回到狼群中再将半消化的食物吐出来喂养幼崽。

» **无微不至的猩猩妈妈**

猩猩妈妈照顾宝宝的方式非常细致。刚开始，宝宝会抓住妈妈肚子上的毛，紧偎着她，之后会爬上妈妈的背。雌性猩猩的哺乳期接近 8 年，其间不会再生育。通过观察妈妈的行为，小猩猩能学到很多技能。

» **雄性纳马夸沙鸡的吸水羽毛**

纳马夸沙鸡爸爸常常会用大自然中的水浸湿腹部的羽毛，再回到刚出生的宝宝身边，幼鸟会用爸爸腹部羽毛上的水解渴，如此喝上 2 个月左右。

## » 小天鹅的"翅膀船"

小天鹅，或者说天鹅宝宝，会爬到父母背上搭便车。为了防止宝宝掉下来，天鹅父母会用折叠的翅膀紧紧夹住它们。即使成年天鹅下潜时，小天鹅也能安坐在父母牌"天鹅船"里。这样既可以保温，又可以保护它们免受水里捕食者的攻击。

## » 齐心协力的母狮

在小狮子刚出生的几个月里，同一个狮群中的母狮会共同照顾、一起喂养幼崽。

## » 有爱的欧洲球蟁

雌性欧洲球蟁是极少数会照顾幼虫的昆虫。雌虫在地下巢穴中产下卵，冬末幼虫孵化后，球蟁妈妈会一直悉心照料并喂养它们，直至仲夏。

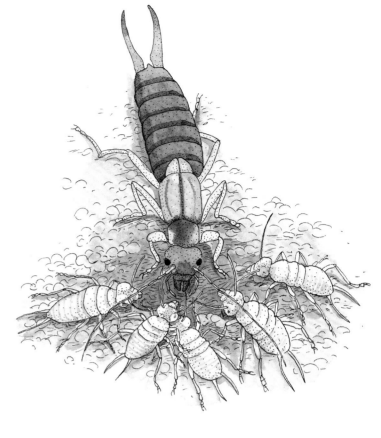

## » 帝企鹅幼儿园

在几千只帝企鹅组成的庞大家族中，幼崽们会被托管在"家族幼儿园"统一照看。帝企鹅父母可以通过辨别叫声找到自己的孩子。

## » 争当护士的雌性抹香鲸

小抹香鲸会同时被几只雌性护士鲸集体照看和保护，就像护士照顾新生儿一样。

卵生动物从卵壳中出来之后通常还要经历幼体阶段，幼体与成年体在外观上差别很大。而其他多数动物在出生之后就像缩小版的成年个体。

## » 小鹿的脑袋

出生时的雄鹿头上是光秃秃的。鹿角在幼鹿1岁左右时长出，它在交配季节既可以威慑对手，也可用作搏斗的武器。冬末时鹿角就会脱落，春天又会重新长出来。

## » 蜕皮的小蝰蛇

小蝰蛇长得很快，1年要蜕皮（更新老化的皮肤）多达10次。蜕皮时，它会用头在粗糙的地面上摩擦，撕裂嘴角周围的皮肤。之后会在草地上继续摩擦，直到老皮完全退去。

**» 面目一新的毛毛虫**

毛毛虫逐渐长大，变成蛹后经历蜕变，
最终化茧成蝶！

**» 荒漠睡鼠的皮肤下**

生活在亚洲中部地区的荒漠睡鼠会同
时更换皮肤和毛发，老皮之下是另一
层覆盖着新毛发的皮肤。

**» 螃蟹的壳**

螃蟹的外骨骼（也称角质层或壳）大小是固定的。
所以螃蟹要长大就必然要经历蜕壳：向后倒退着爬
出已经不合身的旧壳，旧壳下面已经形成了一层新
的壳，但还是很柔软。这一阶段螃蟹非常脆弱，它
会躲在安全的地方等待新壳变硬。

**» 从蝌蚪到青蛙**

刚孵化的蝌蚪只有头和一条尾巴。一段时间后先长出后腿，再长出前腿。最后尾巴会消失……蝌蚪在 2—3 个月内（具体时长取决于水温）就能长成青蛙！

**» 缩小版的马**

出生时的小马就已经长得很像父母，只不过比父母个头小多了！小马会慢慢长大，但外形没有明显变化。

## » 毛色多变的小黑背鸥

小黑背鸥的幼鸟全身长满斑点，喙呈黑色，腿为浅粉色。而随着幼鸟的逐渐长大，羽毛逐渐变为白色和灰色，喙和腿则变成黄色。

## » 换羽的山雀

蓝山雀幼鸟的羽毛毛色暗淡且保暖性差。经过第一次换羽（更换羽毛）后，山雀羽毛中绒羽含量更高，保暖性更好，毛色也会变蓝。山雀每年都会经历一次换羽。

## » 蜕皮的蜘蛛

幼年蜘蛛和父母长得很像，但在成年之前会不断长大，经历 5—10 次蜕皮！每次它都会蜕下已经有些小的外壳，等待几天让新壳（角质层）变硬。

# 觅 食

无论是食肉动物、食草动物还是杂食动物，
最核心的生命活动就是觅食，即找到食物吃掉它们。

## » 鲸鱼的"滤网"

蓝鲸主要以磷虾为食，这些甲壳动物体形极小。鲸鱼
在进食时会先用鲸须过滤吞下的水，只留下磷虾和其
他食物，就像嘴里有一张大滤网来过滤食物。

## » 装备精良的交嘴雀

鸟如其名，交嘴雀的上下喙呈交叉状，极具个性，
既能轻松撬起开口的针叶树果实（松果、冷杉果等）
以取得种子，也方便攀树腾挪。

## » 奇怪的海底"园丁"——黑眶锯雀鲷

常见于潟湖中的黑眶锯雀鲷以珊瑚上的藻类为食，因此也顺带清除掉了不少藻类，像辛勤除草的园丁！

## » 海星的胃

没有手，海星是怎么吃贻贝的呢？它会先用强而有力的吸盘和腕足开壳，再从嘴里伸出胃紧紧包住这个软体动物，消化过程可能会持续十个小时，吃饱之后再把胃缩回去。

## » 鹈鹕的捞鱼网

觅食时，鹈鹕会将大嘴兜进水中，之后合拢大嘴，用嘴下方的柔软袋状结构（下颌喉囊）将水滤出，只留下鱼，就像用渔网捕鱼一样。

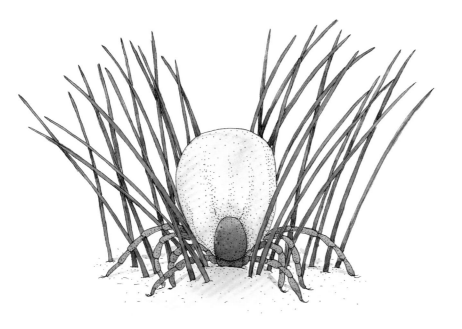

**» 蜱虫能感觉到大餐在靠近**

蜱虫虽然看不见，但能够探测到草丛中哺乳动物的气味，它总在伺机，一旦俘获猎物就开启"吸血"模式。

**» 舌头分叉的蜂鸟**

蜂鸟的舌头细长且末端分叉，可以从长长的喙中伸出来刺入花朵中汲取花蜜。

**» 吸食猎物的园蛛**

园蛛织网捕获猎物后，会先用毒液和消化液将其溶解成液体，再慢慢吸食它们。

## » 老虎的牙齿

和所有食肉动物一样，老虎有着尖利的牙齿，可以轻松撕裂猎物的肉。它有 12 颗门齿，4 颗尖长的犬齿可以把肉撕成条状，另有前臼齿用于切割肉块，以及臼齿用于磨碎食物方便消化，如此好用的工具能让它一次吃下 20 多公斤的肉。

## » 回归本源的小斑马

斑马宝宝吮吸妈妈的乳房喝奶。乳汁为它们提供充足的营养，又可以提高免疫力。

清理污垢、驱赶寄生虫和处理排泄物也是动物重要的日常活动。

每种动物都有自己的方式，有些动物还会寻求帮助！

### 》裂唇鱼的"清洁之舞"

裂唇鱼身上有一道长长的黑色条纹，会在一些大型鱼类（海鳗或石斑鱼）面前跳"清洁之舞"，吃掉它们身上、嘴里和鱼鳞间的寄生虫，清理已经死亡或被感染的组织。

**» 椋鸟的蚂蚁浴**

椋鸟会洗蚂蚁浴，也就是让蚂蚁爬到
身上清除羽毛中的寄生虫！蚂蚁会喷
射防御性的蚁酸，可以杀死寄生虫又
不会伤害椋鸟。

**» 用沙子洗澡的袋熊**

袋熊会在沙子中打滚来清洁皮毛。这
种夜行动物喜欢独来独往，还是唯
一一种能拉出方形便便的哺乳动物！

**» 洗泥浴的野猪**

野猪会在泥潭里打滚，给自己洗个泥浴。洗
完之后，它会在树干上反复摩擦来蹭掉泥巴
和黏在毛上的寄生虫。

» **"卫生标兵"狗獾**

狗獾会在洞穴里用树叶和草做一张床垫并定期更换,大小便则会到洞穴外挖好的"厕所"解决。

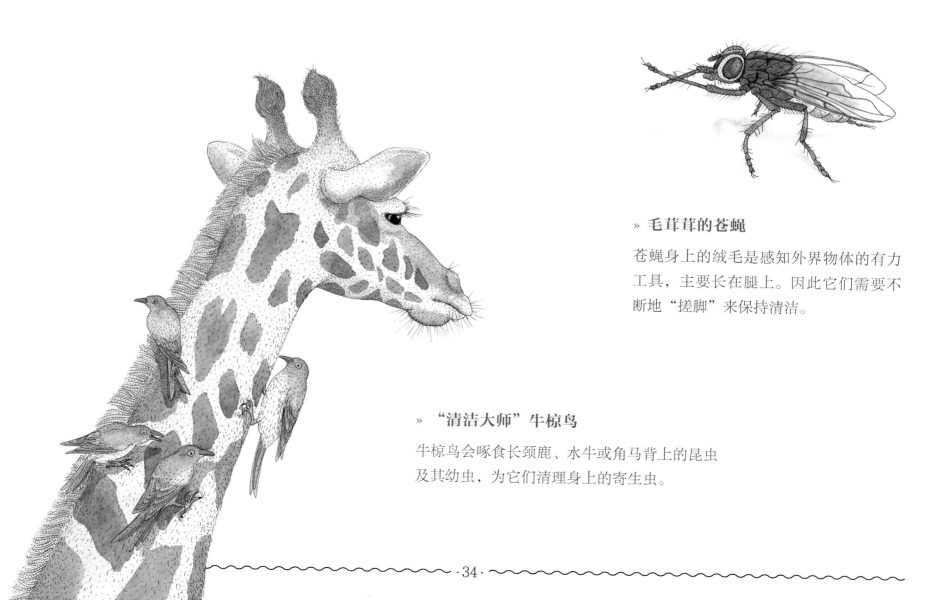

» **毛茸茸的苍蝇**

苍蝇身上的绒毛是感知外界物体的有力工具,主要长在腿上。因此它们需要不断地"搓脚"来保持清洁。

» **"清洁大师"牛椋鸟**

牛椋鸟会啄食长颈鹿、水牛或角马背上的昆虫及其幼虫,为它们清理身上的寄生虫。

**» 把舌头交给猫**

猫会用粗糙的舌头来梳理和清洁毛发。舔毛
会刺激存在于毛根部的腺体，释放一种能让
毛发表面防水的分泌物。

**» 抓虱子的大猩猩**

大猩猩会互相抓虱子，既可以清洁身体，也
可以增强群体的凝聚力。

# 玩 耍

许多鸟和哺乳动物都会玩耍和做游戏，这些活动集中在幼年时期，可以刺激学习、培养耐力，还能锻炼社交能力，帮助它们融入群体。

**» 玩"捕猎游戏"的小狮子**

小狮子们经常打闹玩耍，有时也会受伤，这是在为日后捕猎做准备。它们在"捕猎游戏"中可以积累丰富的经验，为成年生活做好准备。

**» 雪貂的藏身之处**

只能家养的雪貂热衷各种有趣的游戏，会把食物藏在家的各个角落。

**» 杂技演员海狮**

小海狮爱玩把海藻扔起来又接住的游戏，以此来熟悉水里的环境，像表演杂技。

**» 羚羊锦标赛**

小羚羊们很喜欢赛跑：冲刺！

» **猫捉老鼠的游戏**

无论野猫还是家猫都喜欢玩弄活物——鸟、田鼠、老鼠等，被猫盯上的都活不了太久！

» **日本猕猴的冬季运动**

日本猕猴会滚雪球、打雪仗。

» **调皮的海豚**

海豚会互相扔鱿鱼玩，就像在玩球！

**» 爱滑雪的渡鸦**

渡鸦会用腹部或背部在雪地上滑行，这项活动给
它们带去很多乐趣。

**» "拳击手"红袋鼠**

小红袋鼠最喜欢的游戏是面
对面打"拳击"。

# 交流

动物拥有灵敏的听觉、触觉、视觉和嗅觉系统，甚至还能用电信号交流或释放化学信号，它们通过这些方式来标示位置、求爱或发出警报。

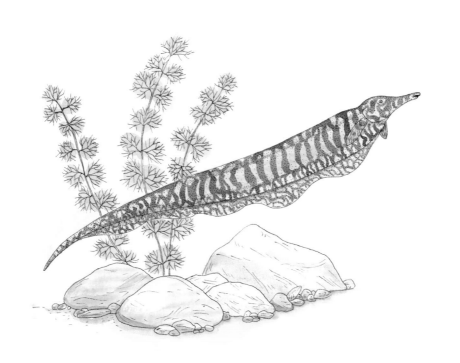

» **线翎电鳗**

线翎电鳗自身可以持续发出特殊的微弱电流，利用频率的高低或直接静默来向同伴发出警报。

» **直截了当的犀牛**

犀牛的交流方式相当直接：它会用角撞击同伴，明确自己的领地范围。

## » 海豚的语言

海豚可以发出 400 种不同的声音与同类进行交流：咔嗒声、口哨声、吱吱声、狗叫声……科学家认为海豚拥有真正的语言，可以使用声音、词汇甚至是句子！

## » 穴兔的嗅觉

穴兔之间的交流不靠声音而是靠气味，敏锐的嗅觉可以让它们立即识别出同伴的性别、年龄和在群体中的角色。

## » 大西洋砂招潮蟹的大螯

雄性大西洋砂招潮蟹堪称沟通之王：会用巨大的钳子摩擦甲壳，或者用脚在地面上敲击并发出咝咝声来挑衅或警告别其他动物。

## » "甩便"的河马

河马的世界里，没有什么是"甩便"解决不了的，河马会左右迅速摇动
尾巴，将粪便甩得到处都是，就意味着所到之处皆是自己的气味，这样
别的河马过来时就知道这片土地有主了，从而达到尽最大可能的标记属
于自己的领地。

## » 黑口新虾虎鱼的"咕噜声"

雄性黑口新虾虎鱼（又称圆虾虎鱼）会发出低沉的咆哮声
吸引雌鱼来交配，雌鱼可以感知这些声音。

## » 蜜蜂舞

蜜蜂会跳"8字舞"与同伴交流，告诉同伴花朵蜜源的位置距离和方向。

## » 松鼠"哨兵"

贝拉丁氏地松鼠觉察到天敌（如郊狼或隼）来临时会发出警报声。收到警报的地松鼠会躲在自己的洞穴里……而当"哨兵"的地松鼠要冒被吃掉的危险，常常付出生命的代价。

## » 渡鸦的叫声

渡鸦可以发出很多种声音，如喇叭声、咯咯声和咔咔声，有时是为了发出警报，有时是为了告知食物位置。每只渡鸦都有自己独特的叫声，这是它们区分彼此的工具。

动物有许多不同的移动方式！生活在陆地的动物会行走、跳跃或奔跑。
生活在水中的动物会游泳、摆动身体或爬行……而振翅飞行及滑翔是动物在空中的运动方式。

### » 秃鹫

秃鹫可以在不扇动翅膀的情况下长时间飞行：张开宽大的翅膀，利用强大的气流滑翔。

### » 有一千条"腿"的海胆

海胆生活在海底，依靠刺之间的柔软管状器官（称为管足）移动，类似于吸盘：通过伸长、收缩管足缓慢移动。

### » 壁虎的"铲子"

大多数壁虎的五个脚趾下长着成千上万根细微的刚毛，末端呈铲状。借助刚毛的黏附力，壁虎可以"飞檐走壁"，甚至可以在玻璃表面爬行。

» **"水上漂"的双嵴冠蜥**

生活在中美洲的双嵴冠蜥，可以在水上奔跑 20 米远：后腿站立，靠尾巴保持稳定。

» **蜿蜒爬行的红菱斑响尾蛇**

和许多种类的蛇一样，红菱斑响尾蛇以侧向摆动来向前移动。

**» 滑翔的华莱士飞蛙**

华莱士飞蛙主要生活在亚洲的婆罗洲，利用四肢脚趾之间展开的扁平蹼可以从一棵树上跳跃到另一棵树，像是在滑翔一样。

**» 摆动的鳟鱼**

像大多数鱼类一样，鳟鱼通过躯干和尾鳍（尾巴）的摆动在水中前进。背鳍有助于保持平衡，腹鳍和胸鳍起着舵、桨及刹车的作用。

## » "打响板"的圣雅克扇贝

受到惊吓时，圣雅克扇贝会竖直身体并敲击双壳。通过这种方式排出水流，借其反作用力推动自己跳着前进一小步。

## » 蹄兔的趾甲

蹄兔长有蹄状趾甲的脚趾，能够攀爬岩石表面和悬崖。尽管外表看起来像啮齿动物，但它其实跟岩羊才是亲戚，都是有蹄类动物！

## » 跳跃的袋鼠

咚，咚，咚！灰袋鼠不会走路，而是用强有力的后腿跳跃往前移动。尾巴则用来保持平衡，还可以在休息时跟双腿一起组成个像三角支架的"凳子"。

# 迁 徙

动物迁徙是为了觅食、繁殖或逃离恶劣的生存环境。

动物大迁徙也许一年一次，比如候鸟，但也可能终其一生一到两次。迁徙动物出发前通常会聚集成群。

**» 戴氏盘羊的迁徙路线**

戴氏盘羊生活在北美洲，冬季会去平原地区过冬。固定的迁徙路线代代相传。

**» 直面危险的斑纹角马**

雨季结束后，斑纹角马会离开南方的干旱平原，组成迁徙大军，浩浩荡荡前往有着茵茵绿草的北方。它们要一起面对什么样的考验呢？穿越布满尼罗河鳄的马拉河，这里常常奏响悲壮的生命之歌。

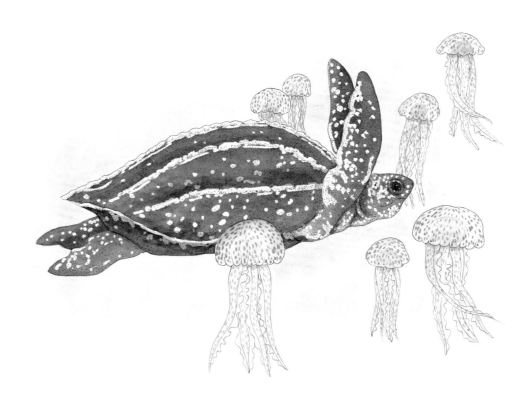

## » 棱皮龟的伟大旅程

勇气可嘉！棱皮龟迁徙时可以跨越 5000 千米的距离，
爬这么远是为了寻找它们最重要的食物——水母。

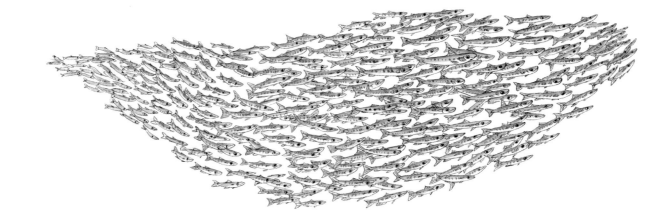

## » 成群结队的沙丁鱼

腹部为银色的沙丁鱼迁徙时会织成一条 6000 米长、
1000 米宽的鱼群带，一起离开温度过高的水域。

**» 有方向感的白鹳**

白鹳会在夏末飞离欧洲，去非洲越冬。它们认识路！为了借助合适的上升暖气流来滑翔，它们会绕开地中海，选择途径西班牙或土耳其。

**» 蝾螈之春**

每年初春蝾螈都会进行迁徙：爬进一处水域，交配繁殖后再上岸。

**» 淡水水手鲑鱼**

鲑鱼宝宝是在淡水中孵化，在海洋中成长，它们成年之后的一两年又会回到出生地产卵。这个返回出生地的过程就叫"洄游"，可能持续一年，在这期间鲑鱼会停止摄食；到达产卵地后会不辞辛劳地交配繁殖。由于体力耗尽，大多数鲑鱼完成繁殖使命之后也会迎来生命的终点。

**» 耐力持久的黑腹军舰鸟**

从非洲迁徙到印度尼西亚的过程中，黑腹军舰鸟可以依托冷暖交替的气流连续飞行两个月，不停歇也不落地。它会捕食不时跃出水面的飞鱼。

**» 旅鼠年**

旅鼠年指的是旅鼠宝宝出生数量急剧增加的年份。在这些年份会有大量生活在苔原地区的旅鼠为寻找食物和栖息地而踏上迁徙的征程。

# 建造家园

有些动物堪称建筑大师！它们会利用各种材料来建造巢穴、庇护所、食物储藏室，甚至还有陷阱。这说明它们也可以预测和规划未来，颇有智慧。

## » 建筑师河狸

河狸非常聪明！它们会捡来树枝为自己建造小屋，这种小屋一部分在水上一部分在水下。它们有时会用石头或泥土修筑堤坝以保持水位不下降，使巢穴入口始终浸没在水下，防止天敌侵扰。

## » 蜂巢

蜜蜂分泌出蜂蜡来建造六边形的蜂巢，这是蜜蜂卵、幼虫和蛹成长的地方，也用来储存蜂蜜和花粉。

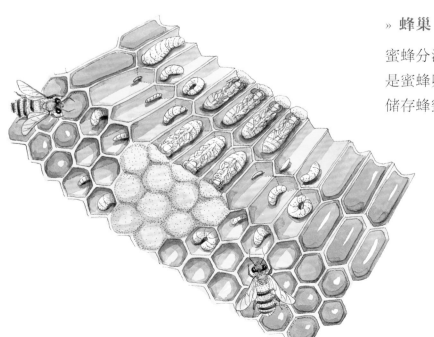

» "房产"无数的鹪鹩

雄性鹪鹩会用苔藓、树叶和草在近地面处、树篱上或树洞里筑起几个球形的巢，雌性会从这些"房子"里挑一所自己最喜欢的，铺上羽毛之后把卵产在那里。

» 黄猄蚁

黄猄蚁（也叫织巢蚁）的蚁穴，是它们通力合作用一根幼虫吐出的丝将几片树叶缝牢而成的。同一个黄猄蚁群落会在好几棵树上占据多个蚁穴。

» 阿德利企鹅的石头床

阿德利企鹅的巢，是它们用嘴衔起一颗颗鹅卵石建起来的。

## » 横纹金蛛的网

横纹金蛛会先吐出一根有黏性的丝，将丝的一端固定好之后，借助风力将另一端粘到另一点，它们就从这根绷紧的丝开始织网，织好的网为飞虫设下了死亡陷阱，这些不幸被粘住的虫子是蜘蛛的主要食物来源。

## » 蝙蝠的帐篷

有些蝙蝠，如洪都拉斯白蝙蝠，有时会用大片叶子搭"帐篷"遮风挡雨。蝙蝠专家还根据不同的建筑风格给这些帐篷进行了分类：伞形帐篷、船形帐篷、梳子形帐篷等。

## » 有方向感的罗盘白蚁

生活在澳大利亚的罗盘白蚁会建造高达3米的巢穴，令人称奇，且基本坐北朝南，仿佛工程中用过指南针。这些白蚁凭借本能学会了充分利用阳光，保持适宜的巢内温度！

## » 黄头后颌䱢的避难所

黄头后颌䱢约10厘米长,会在沙子里打洞,并衔来贝壳碎片和小石子加固洞穴。它们警觉性很高,天敌刚一靠近,就赶紧倒着钻进洞中躲避。

## » 登高的巢鼠

夏季,巢鼠会在草丛中植物的茎秆上筑巢,材料是植物茎和叶。

# 使用工具

许多动物懂得使用工具，这项技能让它们能建造出结构精巧的巢穴、探索周围的环境、
捕获猎物和保护自己。这可能是与生俱来的本能，也可能是后天习得的行为：
最新研究证明，对于某些动物而言，工具也具备文化属性。

**» 拟鹦树雀**

拟鹦树雀是生活在加拉帕戈斯群岛的一种
雀类，竟然会把仙人掌的刺用作探针从树
皮、苔藓和地衣中掏昆虫吃。真是美味！

**» 拳击蟹的武器**

花纹细螯蟹，也叫拳击蟹，会
挥舞夹着"武器"的钳子来击
退敌人，所谓"武器"只不过
是两只小海葵！它用海葵带刺
的触手麻痹猎物，再将猎物收
入"囊"中。

» **"椰子章鱼"的藏身之处**

条纹蛸曾被看到随身携带椰子壳，遇到危险就藏进空壳。
它还会把贝壳或人类留下的废弃物当成藏身之所。

» **穿针引线的长尾缝叶莺**

长尾缝叶莺，鸟如其名：筑巢时，雌鸟
会将两片大叶子叠在一起，用自己的喙
作针在叶片上戳出一些孔，再将蜘蛛丝
或植物纤维线穿过小孔，将叶片的边缘
缝在一起！

### » 海獭的砧板

海獭会在自己肚子上放一块扁平的石头，然后
拿着贝壳和海胆在石头上一通敲，外壳碎了就
可以吃肉了。这块石头的功能和砧板一样。

### » 打蛋的白兀鹫

非洲的白兀鹫会向鸵鸟蛋丢石头，
砸碎后吃掉。

» **自制钩子的新喀鸦**

新喀鸦会用树枝和树叶制作工具。它把树枝削成尖状，将叶子弯曲，做成钩子从树干中钩取昆虫的幼虫食用。

» **足智多谋的黑猩猩**

黑猩猩会折断细枝，伸进白蚁洞捕捉白蚁，还会把咀嚼过的树叶当作海绵来收集水。

预测、欺骗和伪装也能体现动物智慧吗？当然！这些行为在鸟类群体里很常见，它们可是骗术大师。

#### » 打鸣的公鸡

公鸡打鸣是为了告诉鸡舍里的母鸡自己找到了食物。
但有时也是另有企图，只是想把母鸡骗到手而已。

#### » 狡猾的斑鬣狗

当雌性斑鬣狗看到其他鬣狗欺负自家幼
崽时，会发出虚假的警报声，假装天敌
来了，以此吓跑它们。

### » 会演戏的游蛇

游蛇被抓住后会装死：肚皮上翻，伸出舌头，发出刺鼻的臭味。捕食者看到这番景象就会兴致索然，放弃猎物。

### » 纵火犯黑鸢

在澳大利亚，人们曾亲眼看见黑鸢把燃烧的树枝叼到没起火的区域，引发火灾。受到惊吓的昆虫、青蛙、爬行动物和小鸟纷纷逃窜，乖乖成为"火鹰"黑鸢的美味佳肴。

## » 章鱼的伪装

章鱼依靠皮肤中的色素细胞，可以轻易地改变皮肤颜色。它还有惊人的伪装能力，为了躲避天敌，它会喷出一团墨汁，混淆敌人的视线，之后身体的颜色也会变得苍白，骤然转向 90 度，让敌人猝不及防。

## » 聪明的松鸦

秋天，松鸦会在森林里贮藏成千上万颗橡子和植物种子作为存粮。它小心翼翼地把粮食藏起来，避免其他松鸦看到，把自己辛苦积攒的劳动果实抢走。

## » 模仿大师叉尾卷尾

生活在非洲的叉尾卷尾能够模仿许多物种的报警信号，既有其他鸟类，也有狐獴这样的哺乳动物。逼真的警报声很容易把这些动物吓跑，叉尾卷尾就会趁机偷走它们的食物。

## » 西丛鸦惊人的记忆力

西丛鸦的记忆力很好，到了冬天，哪怕隔了好几个月也依然能想起之前自己都把食物藏在了哪。

## » 大山雀

当捕食者（雀鹰、夜行猛禽等）靠近时，大山雀会发出一种特殊的叫声，提醒同伴躲起来。同样用这种叫声，它也可以吓跑有竞争关系的同类……这样它就能独享美食了！

不管是为了恐吓竞争对手，还是保卫领地和争抢猎物，动物都会用打斗来解决问题。雄性动物也可能为了争夺雌性而大打出手。对于群居动物，统治权也是通过暴力攻击来建立的。

### » 象海豹的战斗

为了坐拥"后宫佳丽三千"，雄性象海豹之间会进行激烈的战斗。赢者可以在一个繁殖季节里与100多只雌性象海豹交配。

### » 科莫多巨蜥的咬痕

科莫多巨蜥抓住猎物后，会用力咬住它们。这种巨蜥唾液中的毒液能麻痹猎物并让它们血流不止，直到失血过多而死。

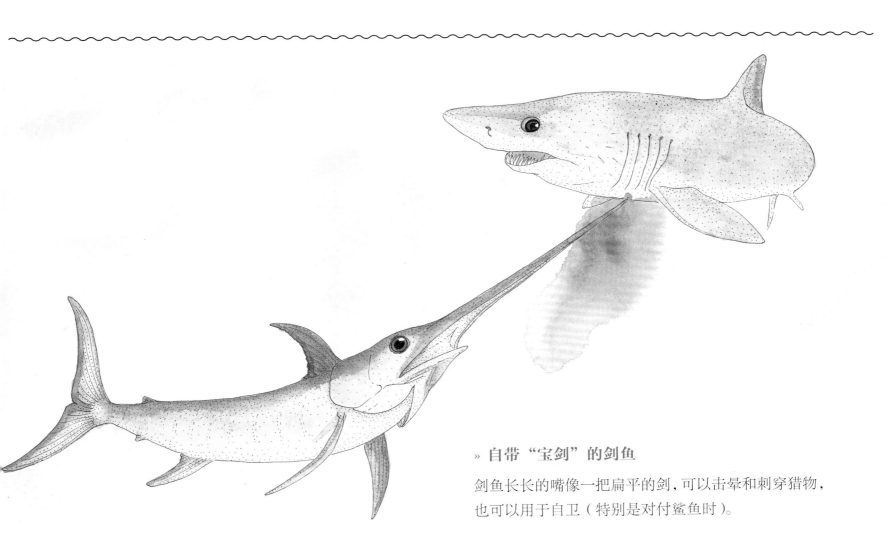

» 自带"宝剑"的剑鱼

剑鱼长长的嘴像一把扁平的剑，可以击晕和刺穿猎物，也可以用于自卫（特别是对付鲨鱼时）。

» 甩脖子打架的长颈鹿

为了争夺统治地位，两只雄性长颈鹿会甩脖子互殴。这种现象被称为"颈吻"（necking）。

## » 天鹅之战

繁殖季节里，为了捍卫自己的领地，雄性疣鼻天鹅之间会用嘴和翅膀展开
大战，有时候，争斗会以其中一只溺亡而告终。

## » 牙齿坚硬的河马

河马的犬齿和门齿不是用来吃饭的，而是专门用来打
架的。它们会咆哮，会冲撞和撕咬对手，战斗异常激烈

» **鸭嘴兽的毒液**

为了争夺交配权，雄性鸭嘴兽会紧紧抱住对手，
将后腿的刺插入它的身体，并分泌出毒液。

» **环状缠绕的红尾蚺**

红尾蚺最长可达 4 米，它会缠绕在猎物身
上并不断收紧，阻断猎物的血液循环致其
死亡。

# 防 御

一些动物面对挑衅者或捕食者的防御方式往往直接体现在外观上：
甲壳、刺……还有一些动物会利用毒液、气味、声音来保护自己，有的还很擅长伪装。

» **自带"化学武器"的臭鼬**
臭鼬会通过肛门腺分泌出一种有强烈
臭味的液体，以吓跑敌人。

» **很有欺骗性的"蛇毛虫"**
赫摩里奥普雷斯毛虫会借助身体表面
的假眼和鳞片图案来伪装，看起来就
像一条蛇，很容易就骗过捕食者。

## » 从不丢面儿的蜜獾

蜜獾因爱吃蜂蜜而得名，它被称为"最无所畏惧的动物"，总是敢挑战比自己强大很多的对手，它敢吞下毒蝎和毒蛇，就算碰到了鬣狗、非洲野犬甚至是狮子这样的猛兽，也能战上几个回合。

## » 乌贼的"墨水"

受到攻击时，乌贼会喷射出平时储存在墨囊中的黑色液体：这样敌人就会迷失方向！这就是乌贼的"墨水"，也被称为"墨鱼汁"。

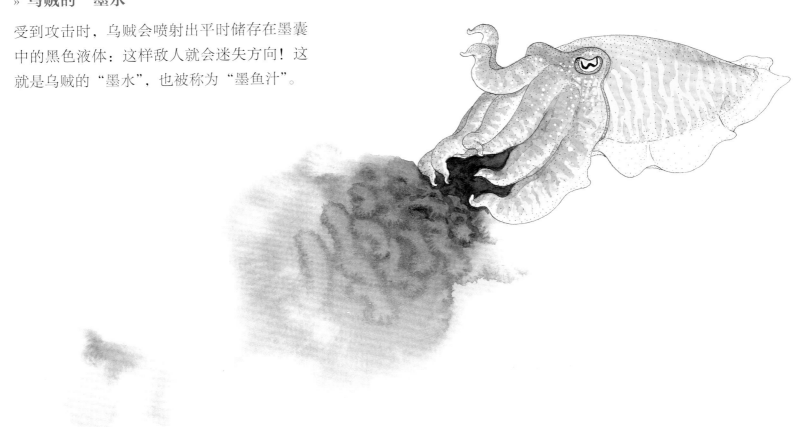

## » 蜷缩成球的穿山甲

穿山甲会采用被动防御，它的身体覆盖着坚硬的
角质鳞片，面临威胁时，会蜷缩成球，只露出甲片。

## » 隐身的竹节虫

竹节虫是著名的伪装大师：有些种类一
动不动的时候看起来像叶子，比如叶蟌，
有些则会伪装成树枝或树皮。

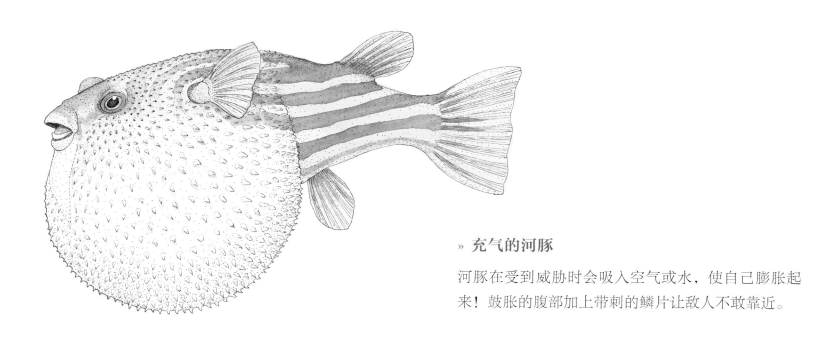

## » 充气的河豚

河豚在受到威胁时会吸入空气或水，使自己膨胀起
来！鼓胀的腹部加上带刺的鳞片让敌人不敢靠近。

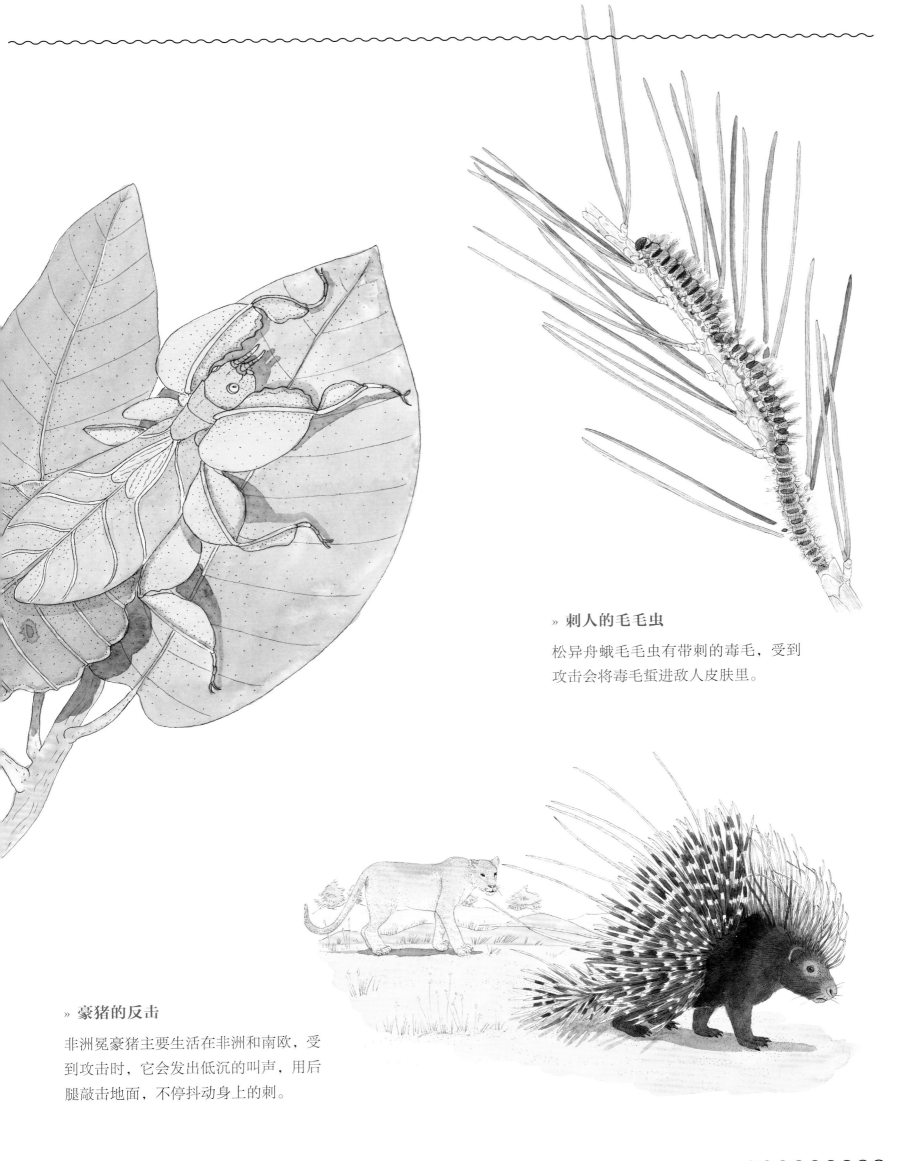

**» 刺人的毛毛虫**

松异舟蛾毛毛虫有带刺的毒毛，受到
攻击会将毒毛蜇进敌人皮肤里。

**» 豪猪的反击**

非洲冕豪猪主要生活在非洲和南欧，受
到攻击时，它会发出低沉的叫声，用后
腿敲击地面，不停抖动身上的刺。

一些动物会用唾液、泥土或植物来治疗和预防疾病，它们依靠嗅觉就能准确找到能治病的药草！

这种能力可能是与生俱来的，也可能是学习其他同类获得的！

**»   "狗牙草"**

狗会吃草？

这可能是因为它想通过吃草催吐来帮助消化。它一般会选择偃麦草吃，这种草也被称为"狗牙草"。

**»   护理蚁**

非洲的马塔贝勒蚁在与白蚁激烈交战后，会将受伤的同伴带回巢穴，通过长时间舔舐来帮助伤口愈合。正是这种救治让90%的幸存者都活了下来！

**» 采树脂的蜜蜂**

蜜蜂会采集一些防霉抗菌的针叶树树脂填补到蜂巢中。这样可以抗菌防腐，减少蜂群的病虫害，很有效！

**» 孟加拉虎的自然疗法**

肉食动物孟加拉虎可能会被传染寄生虫，它会吃一些特定的植物来清理寄生虫。

## » 吃黏土的蓝头鹦哥

和许多种类的鹦鹉一样，蓝头鹦哥以植物（水果、花、种子等）为食，但也会吃一些黏土，既能补充微量元素钠，还能中和某些种子所含的毒素。

## » 抵御攻击的海豚

海豚即使侧腹部被咬出一个很大的伤口，出血量也很少。而且在愈合过程中，伤口也不会感染。这是因为海豚的皮肤和脂肪中含有特定的抗菌化合物。

## » 黑帽悬猴的盟友

为什么黑帽悬猴要用木蚁来摩擦身体？因为这些蚂蚁分泌的蚁酸可以驱除毛皮上的蜱虫和若虫。

## » 黑猩猩的药方

为了预防疟疾(一种由蚊子传播的严重疾病)，
黑猩猩会把含青蒿素的植物和红土一起吃下
去！不过，不同黑猩猩选择的药用植物也会
有一些差异。

## » 棕熊的"奥沙膏"

为了驱除毛发上的昆虫和寄生虫，棕熊会把一种名为奥
沙（Osha）的植物（又名熊根）的根挖出来，咀嚼后吐
出将糊状物抹在身上，再打个滚让气味遍布皮肤。

# 再 生

某些动物组织、器官甚至肢体受损之后都可以通过细胞的增殖再生。

» **斑马鱼的新细胞**

斑马鱼的受损鳍可以再生，眼部细胞、脊髓甚至心脏也同样可以！这些器官中的损伤细胞会被全新的细胞所取代，这个过程仅需 2 个月。

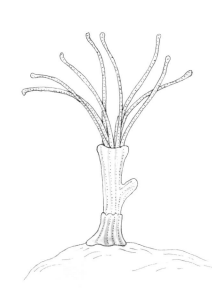

» **能穿越时空的灯塔水母**

之所以说只有 5 毫米长的灯塔水母"永生不死"，是因为它有特殊的能力，能返老还童回到过去。在特定的压力条件下，这个逆时光之旅就会开始，短短几天内灯塔水母就会回到幼年阶段（水螅型），开启下一个全新的生命周期。

## » 海星的力量

被捕食者咬断一个或多个触手后，海星能够"再生"这些失去的触手。

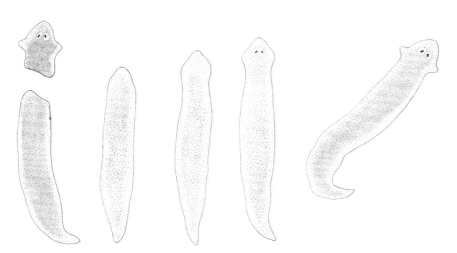

## » 没有头或尾巴的涡虫

涡虫生活在淡水中，它的头部甚至身体的任何其他部分被切掉之后都可以再长出来。

## » 壁虎的尾巴

当天敌抓住壁虎的尾巴时，壁虎会断尾逃跑，过不了多久，新的尾巴就会长出来了。

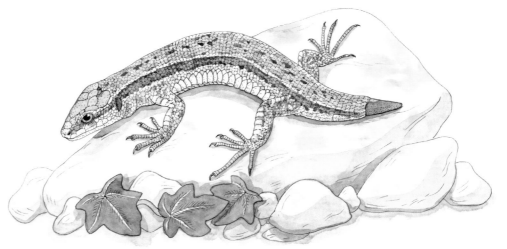

» **可以再生的"六角恐龙"**

美西螈再生能力超强，四肢和脊柱都可以在被切断后重新长出来，就连心脏和大脑的某些部分也可以再生。

» **海鞘动物的超强再生能力**

海鞘动物纲的动物，比如看起来像羊皮酒袋的红海鞘和史氏菊海鞘，都属于海洋无脊椎动物，整个身体都可以再生。

» **断脚逃生的夏威夷明钩虾**

小型节肢动物夏威夷明钩虾断掉的脚在一周内就会重新长出来。

## » 多触手的章鱼

遭到天敌（如海鳝、海鳗等）的攻击时，章鱼会舍弃一条
或多条触手逃生。不过没关系！几周内就会再长出新的。

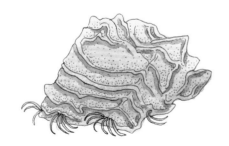

## » "假死"的水熊虫

缓步动物是一种水生动物，体形极小（不超过 1 毫
米），也被称为"水熊虫"。当环境干旱时，水熊虫
会自行脱水，缩成一团，休眠进入隐生状态。它可
以保持这样的状态数年，只需几滴水便能在几分钟
或几小时内复活。

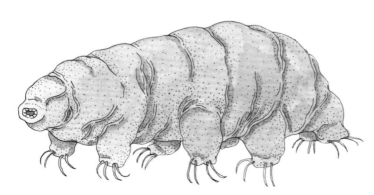

# 应对死亡

面对同伴的死亡，
某些哺乳动物和鸟类会出现应激行为以及强烈的情绪反应（尖叫、食欲不振和情绪低落）。

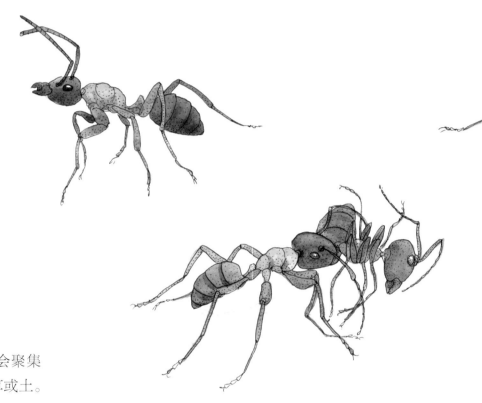

## » 大象的葬礼

大象应对同伴死亡的反应非常复杂。象群会聚集
在死去的象周围，甚至在它身上撒树枝、草或土。

» 蚂蚁殡葬师

在蚁群中，工蚁也扮演殡葬师的角色：它们会找到死去的同伴，用下颚把尸体运到巢穴外类似于墓地的地方，这样可以保持蚁穴的干净卫生。

» 大猩猩母亲的哀悼

一些大猩猩母亲在孩子死后，会持续好几天一直抱着它的尸体不肯放手。

» **哭泣的鹅**

鹅通常成双成对地生活，彼此忠诚。伴侣死去后，它们会发出类似人类哭泣的叫声。

» **抹香鲸妈妈**

抹香鲸妈妈会把夭折的小鲸含在嘴里好多天。

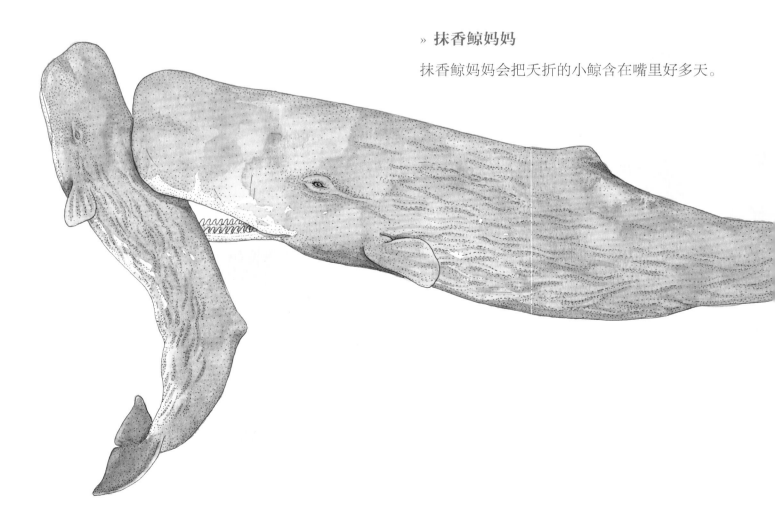

» **西丛鸦死后**

发现同伴死亡后，西丛鸦会聚集在一起，这
一举动可能是在警告其他同伴这里有危险。
它们还会临时停止进食。

# 感知情绪

研究动物行为的科学家们发现，动物有着和人类相似的基本情感：愤怒、沮丧、痛苦和快乐……

**» 炸毛的猫**

受到惊吓时，猫会把全身的毛都竖起来，嘴部的触须也会向后倾斜。

**» 知更鸟的警告**

如果知更鸟在它的领地范围内发现了其他同类的红色胸脯，它会非常生气，会发出威胁性叫声来表达不满。

**» 撕心裂肺的母牛**

当把刚出生的牛犊从母牛身边牵走时，母牛会表现得十分痛苦：一直哞哞叫着寻找小牛。

## » 对"缺席"有感知的猪

猪对环境非常敏感，并会与同伴建立各种社会关系。如果同伴不见了，它会非常紧张和焦躁不安。

## » 变色龙的斑点

雄性杰克森变色龙通常是墨绿色的，覆盖着暗色的条纹，但它会根据情绪改变皮肤上的纹样或颜色：比如害怕的时候，就会显现出黄色的斑点。

» **狗的尾巴**

狗可能会有焦虑、快乐或者不开心等情绪，这些可以从它动尾巴的方式看出来：摇尾巴、左右摆动、伸直或夹起尾巴……

» **表达情绪的老鼠**

老鼠会用抽动嘴唇、动耳朵和鼻子来表达不同的情绪，厌恶、快乐、痛苦和恶心等！

## » 无力自卫的老鼠

一只被同伴攻击的老鼠可能会受到心理创伤，丧失自卫能力，最终因恐惧而死亡。

## » 吐食的蛇

一条蛇（比如）因噪声过大或捕食者的出现感到紧张时，它会吐出刚吃掉的猎物，这样可以减轻自身重量，更快地逃跑。

# 互帮互助

在稳定的群体或同一家族中，动物可能会出现利他行为，
会为了维护一个或多个同伴的利益而做出行动。

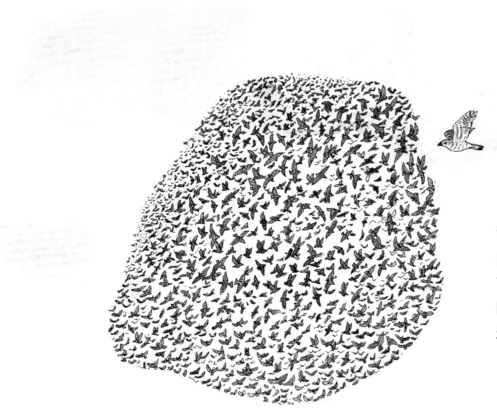

## » 紫翅椋鸟——飞来一片"云"

团结起来比单打独斗力量更强大！紫翅椋鸟飞行时通常会成群结队。碰到雀鹰等捕食者时，它们就变成球状的紧凑队形来吓退敌人，这样敌人就不敢贸然进攻。

## » 擅长团队合作的斑鬣狗

斑鬣狗可以单独捕猎小型猎物，但如果想捕获一只角马，通常需要 2—3 只斑鬣狗合作。如果目标是群居的斑马，那么至少需要 15 只斑鬣狗通力协作。

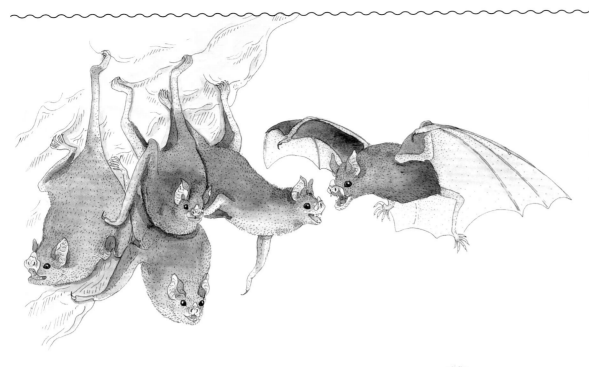

## » "喂血"的吸血蝙蝠

吸血蝙蝠以新鲜的血液为食，血液多来自牲畜，至少每2天就需要补一次血！如果有蝙蝠没吸到血，饿着肚子回群后，其他同伴会吐出血液喂它。

## » 川金丝猴的助产士

在川金丝猴群中，"助产士"会帮助分娩的雌猴，将小猴子拉出产道。

## » 大红鹳雏鸟的保姆

同一个鸟群中，大红鹳的蛋会同时孵化。10天后，所有的雏鸟都会被送到由成年大红鹳管理的"托儿所"里，不管是自己的孩子还是其他同伴的孩子，它们都会悉心照料。

## » 草原田鼠的救援

草原田鼠是一种小型啮齿动物，具有同理心：当同伴"压力山大"的时候，它会去安慰。这种能力在很大程度上归功于催产素，这是一种也存在于人类体内的激素，被称为"爱的荷尔蒙"！

» **团结一致的短尾獴**

短尾獴是一种小型食肉动物，以群居为主，保卫领地、喂养幼崽都会齐心协力，还会一起攻击陆地捕食者（如胡狼和蛇）。

» **狮子：人人为我，我为人人！**

刚成年的狮子一开始是单独行动的，但不久之后它会与其他狮子组成一个母系族群，一起守卫领地。

# 组建群体

许多动物都选择了群居的生活方式，大家分工协作，一起寻找食物，共同保卫安全。有些种群还组成了一个完整的社会，个体之间有明确的分工和角色。

**» 白蚁的等级制度**

白蚁群落被划分成了几个等级：国王、皇后、兵蚁和工蚁。它们通力合作建造共同的巢穴——白蚁丘。

**» 抱团取暖的帝企鹅**

为了抵御寒冷，帝企鹅会"蜷缩成一团"：紧紧挨在一起，时不时换一下位置，这样就不会有企鹅一直承受外界的刺骨寒风了。

**» 橡树啄木鸟的食物储藏室**

橡树啄木鸟会在树干上啄出成千上万个小洞，把橡子填进去，多可爱的零食柜！

**» 狼的家庭**

狼群以家庭为单位：公狼、母狼和狼崽一起生活。有时也会有其他狼加入。占主导地位的狼王和狼后会提供食物并保护狼群中的其他成员。

## » 裸鼹鼠小队

裸鼹鼠会通过团队合作来挖掘隧道：寻找植物的块茎、鳞茎和根部作为食物。它们分工明确，一只负责挖洞，其他裸鼹鼠清理地道，最后一只会把泥土清出洞口。

## » 各司其职的黄蜂

在常见的黄蜂群中，只有蜂后才能繁殖，它会生出成千上万只工蜂、雄蜂和未来的蜂后，新蜂后未来也会创建新蜂群。总之，各自的使命是早就定好了！

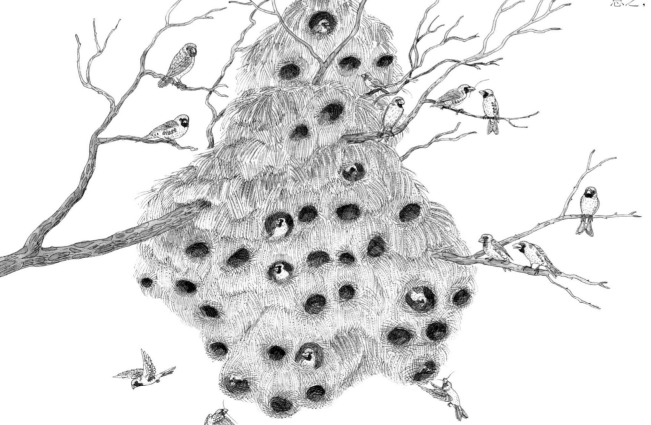

## » 建造巨无霸鸟巢的群居织巢鸟

非洲群居织巢鸟会建造巨大的集体巢穴（高4米，长7米），可以容纳整个鸟群。巨型鸟巢冬暖夏凉，内部结构能自动调温。有的巢穴能够容纳100多对鸟，还都是独立的一居室！

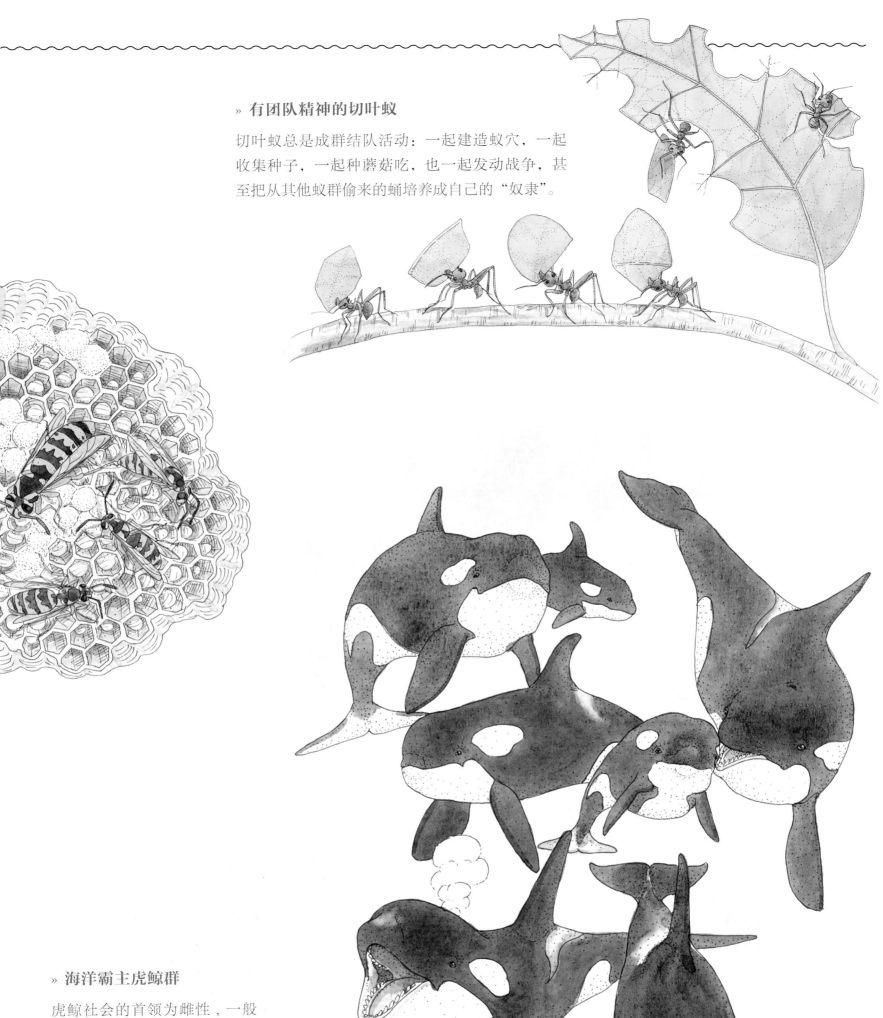

**» 有团队精神的切叶蚁**

切叶蚁总是成群结队活动：一起建造蚁穴，一起收集种子，一起种蘑菇吃，也一起发动战争，甚至把从其他蚁群偷来的蛹培养成自己的"奴隶"。

**» 海洋霸主虎鲸群**

虎鲸社会的首领为雌性，一般2—40头一起群居生活。

所有的动物，即使是单细胞生物，都有一段活动休止期（休息或清醒）或睡眠期。
科学家们目前还不清楚它们睡觉的时候都会发生什么。比如，大多数哺乳动物似乎都会做梦，
但由于动物没有人类这样的语言，我们还无法确定这是否属实。

## » 海龟的呼吸

海龟每40分钟就要浮出水面呼吸一次。睡觉时因为消耗的氧气减少，可以在水下待7个小时之久。

## » 棕熊的冬天

阿拉斯加棕熊在夏天会不停地找东西吃来囤积脂肪，冬天到来之后，它们便会进入一种不吃不喝的休眠状态。对于怀孕的母熊来说，囤积脂肪还有另一个重要的作用——让胎儿健康发育，顺利的话，它们会在冬眠过程中产下熊崽。

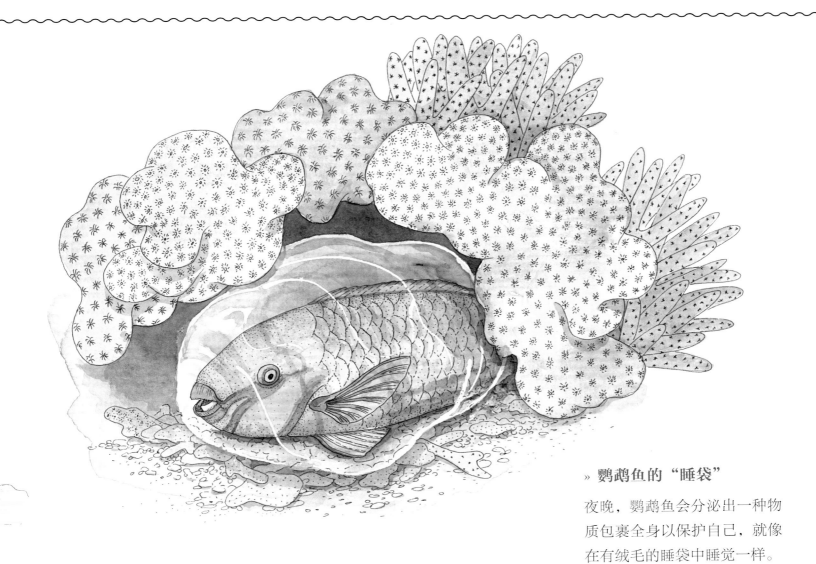

**» 鹦鹉鱼的"睡袋"**

夜晚，鹦鹉鱼会分泌出一种物质包裹全身以保护自己，就像在有绒毛的睡袋中睡觉一样。

**» 漫长休眠的布氏缚紧螺（Sphincterochila boissieri）**

布氏缚紧螺每年只有几天是醒着的……而且要每3年才醒一次！其余的时间都在地下或岩石下睡觉。缩在白色的壳里可以避免晒伤。

**» 大象站着睡觉的故事**

大象是站着睡觉的！从身体构造上看，以这种姿势睡觉可以锁住双腿，保持平衡。不过大象每隔3天还是会躺下来睡1个小时，以进入深度睡眠。

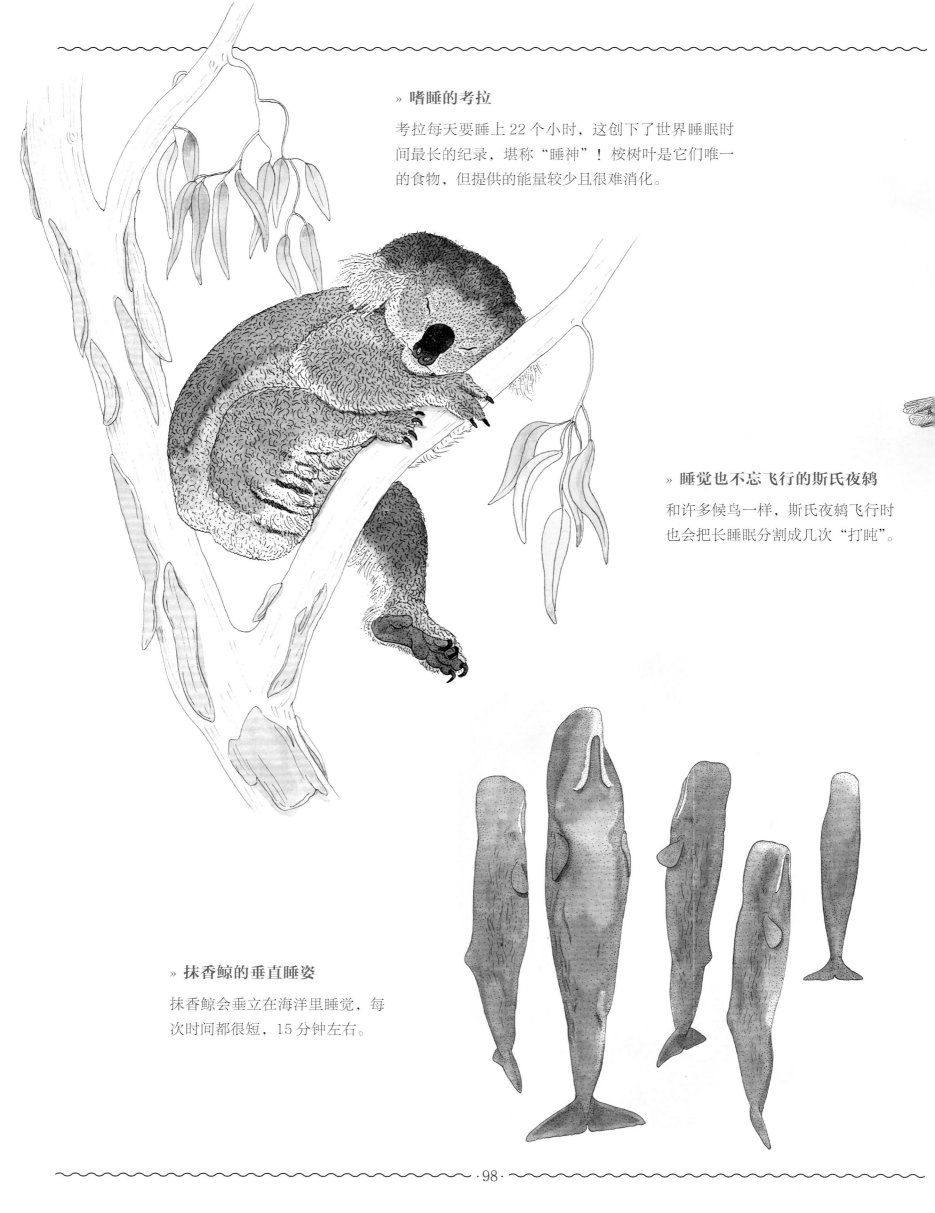

» **嗜睡的考拉**

考拉每天要睡上 22 个小时，这创下了世界睡眠时间最长的纪录，堪称"睡神"！桉树叶是它们唯一的食物，但提供的能量较少且很难消化。

» **睡觉也不忘飞行的斯氏夜鸫**

和许多候鸟一样，斯氏夜鸫飞行时也会把长睡眠分割成几次"打盹"。

» **抹香鲸的垂直睡姿**

抹香鲸会垂立在海洋里睡觉，每次时间都很短，15 分钟左右。

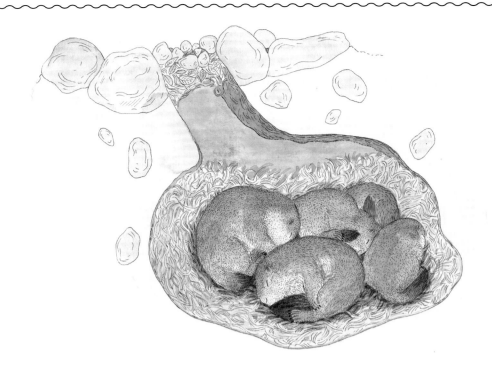

**» 旱獭的冬眠**

旱獭（又叫土拨鼠）会找一个隐蔽的地方冬眠。体温下降 30 度，每分钟只呼吸 1—2 次。冬天结束后，一只雄性旱獭的体重可能会下降一半！

**» 蝴蝶的翅膀**

有些蝴蝶休息时会把翅膀折叠起来，比如图上这只金凤蝶。

**» 鼩鼱的短暂睡眠**

鼩鼱如果两三个小时不进食就会死，所以它必须不停地吃东西！有些种类的鼩鼱每次只睡几分钟。

# 索引

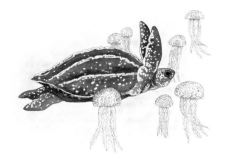

Vivre: Un nouveau regard sur les animaux

Text by Virginie Aladjidi and Caroline Pellissier, Illustrations by Emmanuelle Tchoukriel

© 2022, Albin Michel Jeunesse

All rights reserved.

北京版权保护中心外国图书合同登记号：01-2023-5686

**图书在版编目 (CIP) 数据**

和我们一样的生命 / (法) 维尔吉妮·阿拉德基迪，
(法) 卡洛琳·佩利西耶著；(法) 艾玛纽埃尔·楚克瑞
尔绘；赵诗涵译. -- 北京：北京日报出版社，2024.2
ISBN 978-7-5477-4778-0

Ⅰ. ①和… Ⅱ. ①维… ②卡… ③艾… ④赵… Ⅲ.
①动物—青少年读物 Ⅳ. ① Q95-49

中国国家版本馆 CIP 数据核字 (2023) 第 250382 号

责任编辑：姜程程
特约编辑：魏　舒
封面设计：文和夕林
内文制作：陈基胜

出版发行：北京日报出版社
地　　址：北京市东城区东单三条 8-16 号东方广场东配楼四层
邮　　编：100005
电　　话：发行部：(010) 65255876
　　　　　总编室：(010) 65252135
印　　刷：北京盛通印刷股份有限公司
经　　销：各地新华书店
版　　次：2024 年 2 月第 1 版
　　　　　2024 年 2 月第 1 次印刷
开　　本：787 毫米 × 1092 毫米　1/8
印　　张：13
字　　数：130 千字
定　　价：158.00 元